Ricardo de Campos
Vitor Sales Dias da Rosa

Contes de mathématiques :

Ricardo de Campos
Vitor Sales Dias da Rosa

Contes de mathématiques :

une façon amusante d'apprendre !

ScienciaScripts

Imprint

Cover image: www.ingimage.com

This book is a translation from the original published under ISBN 978-620-2-80724-1.

Publisher:
Sciencia Scripts
is a trademark of
International Book Market Service Ltd., member of OmniScriptum Publishing Group
17 Meldrum Street, Beau Bassin 71504, Mauritius

ISBN: 978-620-3-32256-9

Index

Informations pédagogiques de chaque conte

Premier récit : La fille super-puissante

Contenu couvert : multiplication, somme, soustraction, fraction et pourcentage.
Classe : 7e année d'enseignement
Pages : trois pages
Thème : Sagesse (présente une leçon pour la vie)
Personnage principal : Margo, une fille aux yeux marrons, à la peau noire et aux cheveux bouclés, qui est en neuvième année.
Environnement de l'histoire : l'école Cayak Pierdona
Résumé : Margo est une fille qui commence à réaliser que les mathématiques ne résolvent pas seulement les problèmes de son manuel scolaire, mais aussi ceux de sa vie personnelle. Elle commence alors à comprendre la valeur des chiffres, et surtout des personnes qu'elle aime et de sa famille.

Deuxième récit : La fête de fin d'études

Contenu couvert : pourcentage, volume, fraction et règle de trois. Classe : 7ème année
Pages : trois pages
Thème : L'amour
Personnage principal : Clara, une adolescente nerd de 16 ans en troisième.
Environnement de l'histoire : l'école Cayak Pierdona
Résumé : Clara est responsable de la préparation du bal de fin d'année et tente de faire de cette nuit celle de ses rêves, mais ne compte pas sur les obstacles qu'elle aurait à surmonter.

Troisième conte : le conte en classe de mathématiques

Contenu couvert : équation du premier degré.

Classe : 7ème année

Pages : cinq pages

Personnage principal : Alberto, professeur de mathématiques à l'école (nom).

Environnement de l'histoire : l'école

Résumé : Alberto est un professeur de mathématiques qui, soucieux de l'enseignement qu'il donne en classe, décide de raconter une histoire sur les nouveaux contenus afin que ses élèves puissent mieux les comprendre.

Cinquième conte : Ashe

Contenu couvert : Soustraction, addition et multiplication (règle des trois)

Classe : 8e année

Pages : deux pages Thème : Fantastique

Personnages principaux : Ashe et Annie. Histoire : Le royaume de Freljord.

Résumé : Vitoria a écrit un concept développant les mathématiques comme un document scolaire et l'a remis à son professeur.

→ Personnages du jeu League of Legends.

→ Si vous aimez cette histoire, consultez la partie 2, intitulée "Lulu la fée sorcière".

Sixième histoire : Lulu

Contenu couvert : règle de trois

Classe : 8ème année

Pages : 2 pages

Thème : Fantastique

Personnage principal : Lulu

Environnement historique : le village de Bandópolis

Résumé : Lulu participe à un concours de confiserie et doit prouver à elle-même et à tout le monde qu'elle n'a pas besoin de pouvoirs pour être la meilleure confiserie que le village de Bandópolis ait jamais vue.

→ Personnages du jeu League of Legends.

Septième récit : L'autonomisation avec le professeur Alberto

Contenu couvert : Potentiation. Classe : 9ème année

Pages : six pages

Personnage principal : Alberto, un professeur de mathématiques de l'école Cayak Pierdona

Environnement de l'histoire : l'école Cayak Pierdona

Résumé : Alberto est professeur de mathématiques à l'école Cayak Pierdona, et il décide de dynamiser le contenu avec la neuvième année comme il l'a fait avec la septième, car il était préoccupé par les performances de certains élèves en classe.

La fille superpuissante

À l'école Cayak Pierdona, il y avait un élève de neuvième année très dévoué. Elle s'appelait Margo. Elle était belle, les yeux bruns, la peau noire, les cheveux bouclés qui sentaient le jasmin et avait des "super pouvoirs" qui la rendaient unique. Quels sont ces super-pouvoirs ? Vous le saurez bien assez tôt !

Elle faisait partie d'une humble famille qui se serrait toujours les coudes, et quoi qu'il arrive, Margo savait qu'avec elle, il pouvait se protéger du monde extérieur.

Un jour, Margo faisait ses devoirs et n'avait pas compris le problème de

pourcentage que son professeur de mathématiques, Vitor, plus connu des élèves sous le nom de Tchê, avait rencontré. La question était :
"Une fille a acheté son téléphone portable sur Internet et a payé en 12 versements de 80,00 R$. Sachant que si elle payait en six versements, elle bénéficierait d'une réduction de 5 %, combien aurait-elle économisé ? "

Comme Margo avait de grandes difficultés en matière de pourcentage, il est allé demander de l'aide à sa mère et lui a conseillé de faire quelques calculs. Le premier d'entre eux était la multiplication : 12 x 80. Et puis, quel est le résultat de ce compte ?

Réponse 01 :

Le deuxième calcul a fait appel à des pourcentages de 960=100% et x=5%, afin que vous sachiez le montant que vous auriez économisé.
Quel est le chiffre de 5 %, c'est-à-dire le montant que vous auriez économisé ?

Réponse 02 :

Lorsque Margo a pu résoudre son problème, il était heureux, mais cela a vite changé lorsque sa mère s'est mise à rire.

- Pourquoi tu ris, maman ? - a demandé la fille.
- Je pense que je pourrais apprendre à utiliser ces calculs avant d'avoir fait des dettes dans le passé.

Surpris par la réponse, Margo, enthousiaste, a pris la parole :

- Avant, je pensais que ces problèmes de maths étaient inutiles, mais maintenant je me rends compte qu'ils peuvent résoudre beaucoup de choses en plus de mes notes !
- Bravo, ma fille ! Souvent, lorsque nous sommes en classe, nous ne prêtons pas assez attention à ce que notre professeur nous explique. Mais il est extrêmement important d'apprendre ce que nous apprenons à l'école. - dit sa mère, tout en l'embrassant.

Le lendemain, alors qu'il rangeait sa chambre, il réfléchissait aux problèmes financiers que connaissait sa famille. Et puis il a entendu un bruit venant de la cuisine. C'est sa mère qui s'est évanouie.

Après avoir été emmenée à l'hôpital et avoir subi quelques tests, elle a découvert qu'elle avait une tumeur au cerveau et que si elle n'opérait pas bientôt, il ne lui resterait que quelques mois à vivre.

Comme la famille était modeste, ils n'avaient pas de plan de santé privé et s'ils attendaient le SUS, il serait peut-être trop tard pour leur mère. Margo s'est rendu compte que son père était très secoué, car maintenant il n'y avait pas que des problèmes financiers mais aussi des problèmes de santé. Et il n'aurait pas d'argent pour payer l'opération qui coûterait 4.000,00 R$, même si elle pouvait être payée en huit versements. Margo a donc cherché des moyens de collecter des fonds.

- Je l'ai ! - a crié Margo. Récemment, j'ai appris que les mathématiques peuvent résoudre plusieurs problèmes, et pas seulement à partir de mes manuels scolaires. Je dois trouver des moyens de gagner de l'argent et ensuite aider ma mère - s'est dit Margo.

Il s'est empressé de terminer son devoir de mathématiques pour voir s'il pouvait trouver l'inspiration. La question suivante concernait une recette de gâteau au chocolat :

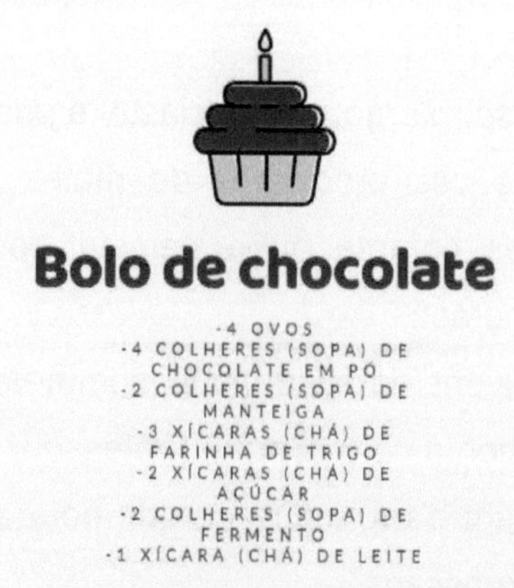

Sachant que la forme du gâteau fait 30 cm de large, 07 cm de haut et 15 cm de long, cela a aidé Margo à calculer son volume, car elle avait des doutes à ce sujet, mais ne voulait pas déranger sa mère.
Pourriez-vous l'aider à déterminer la valeur du volume ?
Réponse 03 :

Maintenant, en plus de terminer sa tâche, Margo a réussi à se faire une idée sur la façon d'aider sa mère : il allait vendre des gâteaux au chocolat, car maintenant il avait la recette entre les mains. Il est allé à la cuisine pour prendre le moule à gâteau avec le même volume présenté dans le livre et a fait sa première recette. Quand il a fini de cuire le gâteau, il a remarqué que chaque moule à gâteau pouvait être divisé en dix tranches. Il a donc décidé de faire une autre recette.

Avec l'autorisation de la direction de l'école, qui a été émue par sa situation Margo, le lendemain, la jeune fille a pris les deux gâteaux au chocolat pour les vendre pendant la pause des cours. Les élèves et certains professeurs ont acheté ⅘ le total de leurs deux gâteaux. Combien y a-t-il de tranches dans ⅘ sur un total de 20 ?
Réponse 04 :

Comme il restait quelques tranches du gâteau, Margo a pensé à offrir une des tranches restantes à une collègue de sa classe, Ana.
- Salut, Ana ! Tu aimes le gâteau au chocolat ? Vous voulez l'acheter ? Je collecte des fonds pour aider au traitement de ma mère !
- Je ne mange pas de gâteau au chocolat ! Et certainement pas de quelqu'un qui ne sait même pas le faire correctement !

Margo, sans donner le ballon, a continué à faire son travail en n'imaginant que dans les sourires de ses parents quand il est rentré chez lui avec l'argent collecté. Cependant, la jeune fille, furieuse que Margo l'ait ignorée, a jeté par terre les tranches du gâteau qui étaient vendues. Malgré cela, Margo est restée calme et a dit

- Vous ne devriez pas faire cela !

Tous ses amis à l'école, surpris et touchés par la patience de Margo, malgré tous les problèmes qu'elle rencontrait, ont commencé à commander des parts de gâteau pour l'aider et à payer d'avance, ce qui lui a permis de récolter un total de R$ 25,00.

Margo est rentré chez lui heureux de son argent, puisqu'il a maintenant récolté 25 R$, plus le total des 16 tranches vendues, à 2,50 R$ chacune. La jeune fille a ensuite établi un tableau de valeurs comprenant les coûts et le prix de chaque tranche, la valeur des tranches déjà livrées et leur bénéfice total.

Maintenant, c'est votre tour. Résolvez les comptes de division, de soustraction et de multiplication et découvrez quel a été le montant total collecté !

Même s'il savait que cela ne paierait pas toutes les opérations de sa mère, ce fut un excellent début pour démontrer à ses parents, plutôt désespérément, que les mathématiques pouvaient les aider et beaucoup !

Les jours suivants, Margo et son père ont fait plusieurs gâteaux à vendre, car ils avaient déjà plusieurs commandes. Le père de Margo a donné l'idée d'augmenter les recettes pour réduire les dépenses et augmenter les profits. Ils ont donc fait un autre tableau, mais cette fois, avec les valeurs triplées de chaque ingrédient.

1 RECEITA	PREÇO	3 RECEITAS	PREÇO
4 OVOS	0,60	12 OVOS	1,80
4 colher choc.em pó	1,00	12 colher choc.em pó	
2 colher MANTEIGA	0,50	6 colher MANTEIGA	
3 xíc. FARINHA	2,00		
2 xíc AÇUCAR	1,00		
2 colher FERMENTO	0,40		
1 xíc. LEITE	0,50		

Aidez margo et comblez les lacunes de la valeur des ingrédients et des prix triplés ! Les jours suivants ont été amusants, car Margo peut passer du temps avec son père tout en aidant sa mère. Margo voudrait savoir combien de parts de gâteau il faudrait encore vendre pour payer les 8 tranches de l'opération. Sachant qu'il a reçu R$ 423,00 et que l'opération coûtera R$ 4 000,00, combien Margo doit-elle encore réunir pour payer le premier versement ?

Réponse 05 :

Au bout de deux mois, Margo, avec l'aide de son père, a réussi à payer toutes les échéances de l'opération de sa mère, lui sauvant ainsi la vie. En plus d'être très heureuse de comprendre la valeur des mathématiques et de sa famille, Margo avait aussi appris que sa patience était son plus grand super pouvoir.

La remise des diplômes

Neuvième année de l'école primaire. Dernière étape pour s'embarquer dans le lycée tant attendu. Moment de grands changements dans la vie d'une adolescente, en particulier pour Clara.

Clara était une jeune fille de 16 ans qui a étudié à l'école Cayak Pierdona. Elle a été choisie pour présider le comité de remise des diplômes de sa classe. Le comité était composé de quatre étudiants : Luan, son meilleur ami, et par coïncidence, son voisin. Le garçon avait une perruque et de beaux yeux couleur miel.

Beatriz, votre meilleure amie depuis l'enfance. Elle avait également 16 ans et était rousse aux yeux bleus.

Et puis il y avait Brenda, les cheveux bouclés et les yeux marrons. Une fille très drôle et enthousiaste qui veut contribuer à la remise des diplômes.

En tant que présidente du comité, Clara avait donc une grande responsabilité : aider à organiser la fête de remise des diplômes.

Deux mois avant la date tant attendue du 13 décembre, elle a dû s'occuper de la partie financière. Elle a donc demandé à ses camarades de classe et à l'orchestre de son école, auquel elle a participé, de l'aider à trouver des moyens de collecter davantage de fonds.

Il a donc convoqué tout le monde du comité à une réunion dans la bibliothèque de l'école, car dans la classe les économies réalisées n'étaient que de 520 R$, jusqu'alors.

Dans la bibliothèque, alors que les étudiants cherchaient des DJ, Clara a réalisé combien il serait coûteux d'en faire jouer un à la fête de fin d'études, elle a donc eu une idée géniale :

- Je l'ai ! Le prix à payer pour un DJ à notre fête est très élevé, nous pouvons donc appeler le personnel du groupe de l'école pour jouer à notre fête ! - En disant cela, Beatriz, qui voulait vraiment un DJ, a répondu :

- Mais est-ce que les gens vont aimer ? Les élèves aiment différents styles

de musique ! - animée, répondit Clara :
-Oui, oui !!! Notre groupe joue tous les genres ! Ce sera un moyen d'économiser de l'argent ! - Les autres membres de la commission ont commencé à réfléchir et ont fini par se mettre d'accord, en réfléchissant à la manière dont ils allaient économiser de l'argent et au fait que ce serait plus rentable.

Clara a rejoint le groupe, appelé "Anges de la nuit" à l'âge de 10 ans parce que Henrique de Ferraz, un garçon de sa classe, a un jour loué sa voix en classe.

Le groupe a été créé par Henrique, qui rêvait d'être un chanteur célèbre, alors il a rejoint ses amis qui jouaient de certains instruments et n'ont jamais cessé de répéter.

Henry était un garçon très beau et très populaire, avec des cheveux bruns et des yeux bleu clair. Il a été son *coup de cœur* depuis qu'il est entré à l'école. À partir de ce moment, Clara n'a plus quitté le groupe et se sentait très bien en chantant aux spectacles de Cayak, comme si elle était une chanteuse professionnelle.

La première personne à qui il a demandé de l'aide dans le groupe a évidemment été Henrique, parce qu'il voulait se rapprocher de lui. Clara lui a demandé s'il pouvait se produire pendant la fête. Mais Henrique s'inquiétait seulement de ce qu'il gagnerait s'il participait. a déclaré Ana :
- Rien, notre classe a besoin d'argent et je ne peux pas vous payer.
Henry, très courageux, répondit impoliment :
- Je suis un très bon chanteur pour me produire sous forme de charité ! Aucun chanteur de reconnaissance, comme moi, ne fait de spectacles gratuits sans gagner au moins un caché.

En entendant cela, Clara a été déçue, mais bientôt sa meilleure amie, Beatriz, qui faisait également partie du groupe, a proposé d'aider à préparer les représentations du spectacle de la fête.

Clara n'a jamais été une fille parfaite, au contraire, elle a toujours été "l'*intello qui a des* difficultés à se socialiser". Elle avait peu d'amis, mais ceux qu'elle avait étaient précieux. Ils étaient tous dans le groupe.

Ses amis étaient Beatriz et Luan qui faisaient partie de la commission, et aussi Luiza qui étudiait dans sa classe. Luiza avait les cheveux bouclés, la peau noire et les yeux marrons. Jusqu'en septième année, ils étaient ennemis, mais lorsqu'ils ont découvert qu'ils avaient la même passion platonique pour Henry, ils ont passé toute la cour de récréation ensemble à parler de lui.

Parmi les rares choses que Clara a faites pour s'amuser, en plus de chanter dans le groupe, elle les a faites avec enthousiasme. Cependant, les photos de l'annuaire, un livre de photos de tous les élèves et groupes, des activités extrascolaires de Cayak, ont montré clairement comment certains élèves voyaient le groupe. Les moustaches et les cornes des stylos étaient les preuves des *brimades* qui rendaient leur popularité difficile.

Clara devra donc faire de son mieux pour que rien ne vienne gâcher la fête de remise des diplômes. Quelques semaines avant la fête, les répétitions pour le spectacle ont commencé.

Tous les membres, sauf Henry, ont aimé l'idée de jouer gratuitement le soir de la remise des diplômes. Le groupe répétait le mercredi et le samedi dans l'auditorium du Cayak et était formé de six membres : trois chanteurs, un guitariste, un bassiste et un batteur.

Henry, Clara et Luan étaient au chant. Luiza était la guitariste et Beatriz la batteuse. Le bassiste était une élève de quatrième nommée Sofia.

Ils présenteront cinq chansons pendant la fête, dont des succès d'Anitta, Vitão et 1Kilo, artistes qui faisaient un tabac à l'époque. Chaque chanson aura deux chanteurs principaux et Clara espère chanter une chanson romantique avec Henrique.

La première tâche du comité a été de dresser la liste des invités de la fête. Dans l'amphithéâtre, où il devait se tenir, 288 personnes au total seraient présentes, mais l'école comptait 13 professeurs et, comme il y avait un total de 25 élèves en neuvième année, chacun devait amener un nombre spécifique d'invités.

Sachant que leurs 13 professeurs allaient également participer à la fête, combien d'invités, chacun des 25 élèves, pouvaient-ils amener ?

Réponse 01 :

Un mois et demi avant la remise des diplômes, Clara a commencé à comptabiliser toutes les dépenses que la classe aurait pour la fête de fin d'études. Comme un cocktail et des présentations musicales seraient organisés après la collation, elle devrait louer du matériel d'éclairage et commander un cocktail, dans lequel des snacks, des sucreries et des boissons non alcoolisées seraient servis.

Outre ces dépenses, il y avait aussi la décoration. Cependant, Beatriz était prête à aider et a averti que lorsqu'elle recevrait le budget, elle le transmettrait.

Pour faciliter l'organisation des dépenses, Clara a établi un tableau détaillé avec les valeurs de chaque poste :

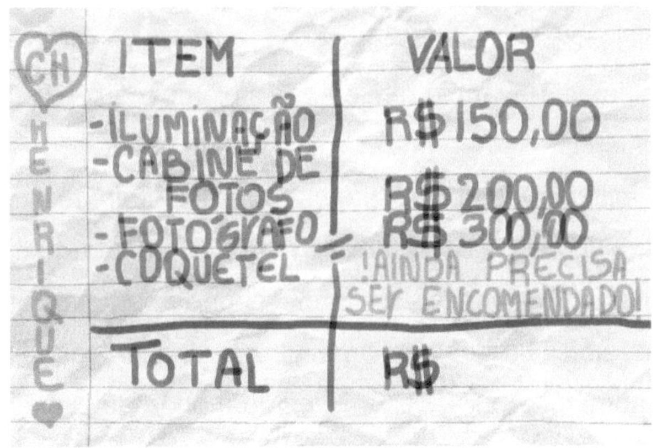

ITEM	VALOR
-ILUMINAÇÃO	R$ 150,00
-CABINE DE FOTOS	R$ 200,00
-FOTÓGRAFO	R$ 300,00
-COQUETEL	!AINDA PRECISA SER ENCOMENDADO!
TOTAL	R$

La classe avait déjà fait quelques promotions pour collecter des fonds, mais elle a vite commencé à s'inquiéter, car les économies ne suffisaient pas.
Quel était le montant manquant, qui est la raison de la préoccupation de la commission de remise des diplômes, pour payer toutes les dépenses mentionnées, en tenant compte de l'argent de l'épargne ?

Réponse 02 :

Quelques jours plus tard, Beatriz a passé en revue les budgets de décoration. Après en avoir discuté avec le comité de graduation, ils ont décidé de le fermer pour le moins cher. Lorsqu'ils ont fait le calcul, ils ont réalisé qu'il faudrait collecter quatre fois l'argent qui manquait encore pour payer toutes les dépenses.
Connaissant le montant manquant, aidez le comité de remise des diplômes et calculez le montant du budget de décoration.

Réponse 03 :

Au milieu de tous ces soucis de dépenses, Clara a découvert, la quatrième semaine avant la remise des diplômes, qu'elle allait chanter avec son bien-aimé Henrique le grand succès de la chanteuse Paula Fernandes, la chanson intitulée "Juntos". Cela a permis de la faire revivre et de chercher de nouvelles façons de collecter des fonds. Elle tirait au sort un livre que la classe avait gagné auprès de son professeur de portugais préféré, Ricardo.

Clara a fait les tirages sur l'ordinateur et chacun des 25 étudiants devait vendre 20 numéros pour 2,00 R$. Tout le monde devrait les vendre jusqu'à un mois avant la fête. Quel sera le montant total de la collecte de cette tombola ?

Réponse 04 :

Trois semaines avant la remise des diplômes, Clara est allée à la banque pour déposer l'argent de la tombola, mais elle s'est souvenue qu'elle devait encore 390,00 R$. Elle a donc dû retirer l'argent de la tombola. Combien Clara devra-t-elle verser pour le tirage au sort ?

Réponse 05 :

Une semaine avant la fête, tout était presque prêt. Cependant, un virus a commencé à se propager à l'école et de nombreux élèves ont cessé d'assister aux cours. Ne sachant pas quoi faire, Clara a essayé de reporter la danse, mais le directeur, M. Eduardo, a dit qu'il n'y avait pas moyen de changer la date. Elle a donc décidé de se concentrer sur les répétitions, car elle était sûre qu'au moins certains de ses rêves se réaliseraient le soir de la remise des diplômes, en passant une nuit entière à danser avec Henrique.

Certes, tout dans la vie de Clara n'était pas mille merveilles, mais la nouvelle l'a vite fait sourire à nouveau. Finalement, elle a reçu un appel d'Helena, une fille de la boulangerie, l'informant du prix du cocktail qui coûterait 300 R$. Cela signifierait qu'il resterait de l'argent pour acheter les fleurs destinées à décorer les tables. Les roses qu'elle voulait tant et qui n'étaient pas incluses dans le budget de la décoration.

Combien d'argent reste-t-il pour les fleurs ? Prenez en considération le montant de l'économie et la valeur des articles de cocktail.

Réponse 06 :

Le jour tant attendu est arrivé et cette immense place de 288 personnes était occupée par 220, à cause du virus ; mais Clara était confiante, rien ne pouvait gâcher sa nuit même si quelque chose d'imprévu se produisait. La cour de l'école était magnifique : plusieurs tables et chaises décorées et une scène faite de palettes pleines de lumières.

La cérémonie de remise des diplômes aurait lieu avant les présentations et permettrait de décerner des médailles aux étudiants qui ne se sont jamais rétablis. Sans aucun doute, Clara était l'une d'entre elles.

Après la cérémonie, à quelques minutes de la fin, Clara a réalisé que Henrique n'était pas encore arrivé. Luan a donc proposé de chanter avec elle. Au début des représentations, Luan s'est rendu compte de la tristesse de Clara. Il l'a donc réconfortée lorsqu'elle a commencé à faire sur scène la danse qu'ils avaient créée lorsqu'ils étaient enfants, la danse du poulet Pintadinha, pendant qu'ils chantaient la chanson de Vitão, intitulée Café.

Avant la dernière représentation du groupe à la fête, Clara a couru aux toilettes pour appeler Henrique. J'imaginais que le garçon avait aussi le virus et que Clara voulait aller chez lui après la fête. Après avoir passé cinq appels, Henrique a répondu et elle a parlé :

- Salut, Henry ! Tout va bien ? Vous êtes malade ? Je pense venir vous voir après la fête. La présentation était bien, mais ce serait mieux si vous étiez là ! - Clara a parlé d'un ton joyeux.

- Je suis superbe ! Je ne suis pas malade, mais je ne voulais pas y aller. Pourquoi m'appeler autant ? Je jouais à un jeu vidéo ! Merci beaucoup de m'avoir interrompu ! Une fille ennuyeuse ! Ne m'appelez plus ! - a dit Henry impoliment, en raccrochant au nez de Clara qui s'est vite mise à pleurer.

La jeune fille était dévastée et ne pouvait pas se ressaisir pour chanter d'autres chansons du spectacle. Mais tout à coup, Luan est entré dans la salle de bain en disant

- Mademoiselle, je suis si heureuse que vous soyez là. Vous n'avez pas idée à quel point je suis venu vers vous. J'étais sur le point d'appeler la police ! Alors, vous me tuez du fond du cœur ! - s'exclame Luan, interrompu par les rires de Clara.

- Je n'y crois pas ! Saviez-vous que ce sont les toilettes des femmes ?

- Je sais, mais vous n'avez pas idée jusqu'où j'irais pour vous ! - Luan a dit qu'il s'est vite rendu compte que Clara avait pleuré et, comme il était inquiet pour elle, il l'a prise dans ses bras pour essayer de la calmer.

- Merci de vous soucier de moi ! Tu as toujours été la personne qui m'a le plus aidée quand j'avais besoin de toi", répondit Clara, en se demandant pourquoi elle était amoureuse d'Henrique qui la traitait toujours mal, alors que Luan la rendait heureuse.

-Allez, maintenant ce sera la chanson de Paula Fernandes. C'est une chanson romantique, il faut être heureux", dit Luan, tout excité, en séchant les larmes de Clara avec un mouchoir.

- Vous m'avez déjà fait oublier pourquoi je suis triste. Allons botter des fesses dans cette présentation ! - dit Clara comme si elle était un phénix renaissant de ses cendres et retournant à son bonheur habituel.

Après avoir terminé la représentation, le public s'est levé et a applaudi le spectacle. Ce fut un succès ! Littéralement, ils ressemblaient à des chanteurs professionnels ! Clara a regardé Luan et a réalisé qu'Henry n'avait jamais été son *béguin* et elle a obtenu ce qu'elle voulait : la nuit de ses rêves.

Conte en classe de mathématiques

Un mardi matin, le professeur Alberto aurait un cours de mathématiques de septième année. C'était une classe charmante, il voulait faire comprendre à tous les élèves le nouveau contenu : l'équation de la première année.

Certains étudiants auraient des difficultés, mais Alberto était prêt à les aider et a préparé un cours très agréable. Après quelques heures de planification, il était impatient de l'appliquer à ses chers étudiants.

Le lendemain, les élèves étaient tous fatigués de leur cours de sciences, mais le professeur Alberto était très heureux que sa classe soit différenciée. Il s'agissait de raconter des histoires impliquant des mathématiques.

- Bonjour, la classe ! Comment allez-vous ? - a demandé le professeur.

- Avec un mal de tête ! - a déclaré Ana.

- Quelle heure est-il ? Je veux rentrer chez moi ! - s'est exclamé Gustavo.

Les étudiants ont commencé à parler très fort et, en même temps que la conversation, le bruit. Alberto a ensuite déclaré :

- Silence, tout le monde ! J'ai préparé un cours amusant pour que vous ne soyez pas si fatigués.

La conversation a cessé et les étudiants ont alors commencé à prêter attention à ce que disait le professeur Alberto :

- Alors, la classe, je vais vous raconter une histoire...

- Mais notre classe est en mathématiques et non en portugais ! - commente João, sans comprendre la proposition du professeur.

- Mais c'est aussi des mathématiques ! - a répondu Alberto.

- Hum... donc c'est bien... - John a parlé, déjà curieux.

- Je vais y aller et faire attention parce que je vais poser quelques questions!

Le professeur a pris une feuille de papier et a commencé à raconter l'histoire

- Il y avait une ville très belle et très colorée, la ville des nombres ! Les maisons de ses habitants étaient très bien divisées. Il y avait aussi la maison des unités, des dizaines, des centaines et toutes les maisons numérotées à la décimale. Mais, malheureusement, les chiffres ont commencé à s'opposer ! Le numéro huit a cessé de jouer avec le numéro sept, le numéro sept ne roule plus à bicyclette avec le numéro deux et tous les numéros ont donc cessé de jouer les uns avec les autres.

Ils ne pouvaient pas continuer à se battre car les nombres devaient s'additionner, se soustraire, se multiplier, enfin, effectuer cette opération et d'autres encore ! Zéro était très triste et a dit aux autres numéros d'aller dans la ville des lettres pour jouer avec elles et prendre un peu de temps à la maison.

- Attends un peu, prophète ! S'agit-il de chiffres ou de lettres ? - demande Ana, un peu confuse.

- Oui, Ana, c'est une question de chiffres. Je vais continuer. Tous les numéros sont allés à la ville des lettres pour essayer de résoudre le problème. Zero s'est souvenu que lorsque les chiffres franchissaient le "pont" du signe des égaux, ils faisaient changer leur "signe", alors quel est le signe des égaux déjà ?

Écrivez le signe égal :

Réponse 01 :

- Qu'est-ce que Zéro a dit d'autre ? Que leurs "signaux" allaient changer lorsqu'ils passeraient le pont des signaux égaux. - L'enseignant a ensuite inscrit au tableau les chiffres suivants : -5, 6, 8, -10 et a demandé aux élèves de changer de signe. Comment ces chiffres auront-ils l'air avec leurs signes changés ?

Réponse 02 :

- Très bien, la classe, passons à autre chose. Lorsque les chiffres sont arrivés dans la ville des lettres, elle était très similaire à la ville des chiffres, mais plus petite, car il n'y avait que 24 lettres. Leurs signes avaient changé et ils étaient impatients de retrouver la lettre X qui jouait parfois avec eux dans l'équation du premier degré.

- Ils ont joué à l'équation du premier degré ? Est-ce notre nouveau sujet ? - a demandé Gustavo.

- Oui, Gustavo, tu comprends ?

- Nous le sommes, professeur ! C'est très joli, continuez, s'il vous plaît ! - se sont exclamés les étudiants.

- En arrivant, ils ont trouvé la lettre X à côté d'un arbre, triste.

Zéro et les autres nombres sont allés jusqu'à la lettre X et l'ont invité à jouer à l'équation du premier degré ! Mais vous avez besoin d'organisation, le numéro obtient le numéro et la lettre avec la lettre ! Le but du jeu est de trouver la valeur du X. Et enfin, occupez-vous des opérations inverses !

- C'est quoi cette opération inverse ? - demanda Gustavo, un peu confus.

- Ce n'est rien de plus que l'opération inverse. Par exemple, dans cette équation : **2x=8** , le but est de trouver le X, nous isolons le X, mais le **2 se** multiplie avec le X **(2.X)** mais il est invisible, donc l'opération inverse de la multiplication est la division, donc : nous passons le **2** divisant : x=8/2, maintenant il suffit de résoudre la division.

2x=8

x=8/2

x=4

Le résultat est : x=4, l'opération inverse de la somme est la soustraction, et de la multiplication, la division !

- Oh, j'ai compris ! - s'est exclamé Gustavo.

Alberto a pris un stylo et a écrit l'équation 3x+2=x+1 sur le tableau et a parlé:

- Résolvez celle-ci et rappelez-vous que le but est de trouver la valeur de X.

Réponse 03 :

- Les numéros ont joué pendant plusieurs heures et ont cessé de se battre, la lettre X était très heureuse ! C'était l'histoire, les gens. Vous avez aimé ?

- Oui ! - tous les étudiants ont crié.

Il ne restait que 45 minutes avant la fin du cours et Alberto a décidé de passer à la dernière activité.

- Très bien, je suis content ! Mais le cours n'est pas encore terminé. - a déclaré l'enseignant qui a commencé à distribuer des feuilles aux élèves.

Feuilles distribuées ouvertement aux étudiants.

- Maintenant que vous avez compris comment résoudre une équation du premier degré, passons à une activité pratique. Je vais le lire, faites attention :

Luiz passera un test de portugais et devra répondre à un total de 20 questions. Pour chaque bonne réponse, Luiz obtient 3 points et pour chaque mauvaise réponse, il perd 2 points. Déterminez le nombre de coups et d'erreurs que Luiz a obtenus en considérant qu'il a totalisé 35 points.

Réponse 04 :

Le temps a passé et soudain le signal a retenti, il était déjà 11h30. Gustavo s'est mis à table, a quitté son activité et a pris la parole :

- J'ai aimé le cours. Pourriez-vous suivre d'autres cours de ce type ?

- Bien sûr ! - dit le professeur, heureux.

Alberto était satisfait de sa didactique. Les élèves ont bien interagi, comme il le souhaitait, mais il savait que certains élèves auraient du mal à comprendre. Mais ce ne serait pas un problème, Alberto l'aiderait de toutes les manières possibles.

Ashe

Vitória étudie en 8e année à l'école Cayek Pierdoná et pour un devoir de mathématiques, le professeur Alberto a demandé à ses élèves d'écrire un conte fantastique qui traiterait de certains contenus mathématiques. Vitória a choisi de faire un conte en utilisant le contenu de la règle de trois. Motivée par un jeu informatique appelé "*League of Legends*", elle jouait avec sa meilleure amie, Carolina.

Elle a décidé d'écrire une nouvelle inspirée de son personnage préféré dans le jeu, Ashe, l'archer de glace. Un lundi ensoleillé, la jeune fille a passé des heures et des heures à écrire, et après l'avoir terminé, elle a tout simplement adoré le résultat et était optimiste quant à l'obtention d'une bonne note. Voulez-vous lire ce qu'elle a écrit ? Victory espère que vous l'apprécierez autant qu'elle l'a fait.

Ashe l'archer de glace

Ashe est un archer glacinata talentueux qui vient de terminer ses 20 ans et qui vit dans le royaume glacial de Freljord. Sa mère, Grena, était la reine du royaume et a toujours voulu qu'Ashe prenne le trône lorsqu'elle ne serait plus en vie.

Cependant, ce n'est pas ce qu'elle voulait, car elle pensait avoir de plus grandes ambitions que d'être reine. Elle avait une petite sœur nommée Annie, une adorable petite fille de 10 ans qui était toujours accompagnée de son fidèle ours en peluche, Tibbers.

Dans le royaume de Freljord, il y avait une montagne mystérieuse où seuls les braves s'aventuraient. Il était fait de glace véritable, une magie puissante qui accordait des capacités spéciales à toute personne que la montagne pensait digne d'un tel pouvoir. Oui, la montagne avait une conscience propre, qui lui permettait de choisir les porteurs de sa puissance, afin qu'elle ne se perde jamais au fil du temps. Les personnes qui ont reçu un tel pouvoir ont été appelées "glacinatas".

Ashe a impressionné tout le monde par ses talents de lanceur d'arc et il n'en était pas moins. En plus de recevoir l'arc fait avec de la vraie glace, la montagne lui a donné l'incroyable capacité de tirer des flèches de glace enchantées. Après un long entraînement pour s'habituer aux flèches de glace, Ashe a réussi à transformer toute sa capacité à tirer à l'arc et aux flèches, en un grand spectacle qui a fasciné les habitants du royaume de Freljord.

Un jour, Ashe était dans la forêt près du château, en train de s'entraîner pour un autre spectacle, quand sa petite soeur s'est approchée et a demandé si elle pouvait apprendre à tirer, car elle était très intéressée par la façon dont sa grande soeur pouvait montrer une telle habileté en utilisant l'arc. Ashe était très heureux de cette demande et a rapidement pris une autre petite révérence pour commencer à lui enseigner.

Les flèches de glace enchantées qu'Ashe utilisait pour ses spectacles, étaient fabriquées par elle-même, avec une sorte de canalisation dans ses mains, pour transmettre sa magie à la flèche. Elle pouvait faire une moyenne de 50 flèches enchantées par jour, car si elle essayait d'en faire plus, elle serait affaiblie et fragilisée. Utiliser trop de magie n'a pas eu de conséquences très agréables pour la jeune fille.

Comme il avait un spectacle à faire ce jour-là, le soir, il utilisait 30 des 50 flèches qu'il avait produites. Les autres flèches ont été utilisées pour l'entraînement, mais ce jour-là, à la demande spéciale de sa soeur, elle a décidé d'utiliser toutes les flèches enchantées restantes pour apprendre à la petite Annie comment tirer. Combien de flèches restait-il à Annie pour s'entraîner ?

Réponse 01 :

Ils ont passé toute l'après-midi à s'entraîner et pour la première fois à manier un arc et des flèches, la petite jusqu'à ce qu'elle réussisse très bien. Elle a tiré toutes les flèches dans un pommier et son but était de faire tomber les pommes. L'arbre avait environ 16 pommes et Annie a réussi à couper 12 fruits à l'aide de l'arc. Combien de fruits reste-t-il sur l'arbre ?

Réponse 02 :

Ashe était trop fière de sa sœur et se sentait tellement inspirée par la formation qu'elle a invité sa sœur à être son assistante à cette exposition. Annie était euphorique et très heureuse de participer à cela, on peut dire que c'était un rêve devenu réalité.

Arrivés au centre d'événements du royaume, les deux hommes ont commencé à préparer leur matériel pour le spectacle. Pour le premier chiffre, Ashe tirerait 3 flèches horizontalement en même temps sur 3 cibles différentes, soit 1 flèche sur chaque cible et le répéterait trois fois. Ensuite, Annie récupérait les flèches et les rendait à sa sœur, car pour ce numéro, les flèches pouvaient être réutilisées. Sachant qu'Ashe utilisera 30 flèches pour ce spectacle, combien de flèches seront dépensées pour le premier numéro de la nuit ?

Réponse 03 :

Pour la deuxième partie, Ashe tirait plusieurs flèches vers le haut qui explosaient ensuite en petits flocons de neige lumineux, dégageant le ciel nocturne de tout Freljord. C'est ce qu'elle a appelé le Hawk's Eye. Elle utilisait 2 flèches qui illuminaient le ciel pendant 5 secondes et ainsi de suite jusqu'à ce qu'elle ait complété 10 flèches passées. Pendant combien de secondes le ciel du royaume de Freljord s'illuminerait-il à l'aide de 10 flèches ?

Réponse 04 :

Et pour terminer la belle soirée du spectacle, Ashe utiliserait son dernier et plus difficile talent : la "Flèche de cristal enchantée". C'était littéralement une flèche géante, faite à partir de la réunion des flèches normales avec une masse magique de glace faite par l'archer.

Pour faire ce numéro, Ashe avait besoin d'une concentration absurde pour pouvoir accumuler sa magie et c'était la première fois qu'elle le faisait en public, dans le spectacle officiel, mais elle était très confiante que tout allait s'arranger.

Après le succès du spectacle, l'archer a serré Annie très fort dans ses bras et lui a dit qu'elle aimerait qu'elle participe à tous ses autres spectacles. Ce moment a été très important pour la petite, qui, les larmes aux yeux, a accepté la proposition de la grande sœur. C'était magnifique de voir la communion entre les deux.

Une fois le spectacle terminé, les sœurs sont rentrées très heureuses au château, où elles ont préparé une délicieuse tarte aux pommes avec les mêmes pommes qui avaient été cueillies dans l'après-midi. Et puis, ont-ils aimé le conte que Victoria a écrit ?

Lulu

Carolina était également l'élève du professeur Alberto et avait besoin d'écrire un conte mathématique, tout comme son amie Victoria. Elle trouvait les contes de fées beaucoup plus intéressants et se souvenait donc de ses amis imaginaires qu'elle avait elle-même créés dans son enfance et qu'elle associait à sa plus grande passion, la confiserie.

Ce jeudi pluvieux, aussi incroyable que cela puisse paraître, elle était pleine d'énergie et d'inspiration pour écrire. Elle a mis tout son cœur dans ce récit et quand elle a fini d'écrire, elle était heureuse. Après cela, elle a laissé le papier sur la table. Allons-nous lire le conte que Carol a écrit ?

Lulu, la fée sorcière

Dans ce lieu où la lumière est toujours dorée, vivait Lulu, une fée à la peau entièrement violette, qui était extrêmement joueuse et aimait jouer des tours aux innocents habitants d'un peu moins d'un mètre de haut de la clairière de Bandópolis. C'était une terre fertile, fructueuse et très verte. Une terre cachée à laquelle on ne peut accéder que par un portail, que les simples mortels ne savent pas comment trouver, et encore moins ouvrir.

Lulu a acquis ses pouvoirs une fois qu'elle est allée jouer seule dans une des forêts éloignées. Ce jour-là, elle a trouvé une pierre entourée d'un vert brillant et d'un lilas magique, qui a attiré son attention.

Curieux que seulement, il s'est approché et a touché le rocher, qui est devenu instantanément un petit être volant qui a aidé le petit à se lever, car la frayeur avait été très grande.

Il a essayé de parler à cet être, mais c'était en vain, il n'a rien dit. La petite fée a réalisé qu'il commençait à la suivre et a alors décidé de lui donner un nom : Pix.

Pix était en fait un magicien. Il a créé ce que l'esprit de Lulu aimerait

voir se produire et les choses se sont vraiment matérialisées sous les yeux de ceux que le petit a choisi pour jouer ses tours.
Ensemble, les deux sont devenus des êtres puissants, mais extrêmement irresponsables, car ils considéraient ces pouvoirs comme un jouet pour s'amuser. Il fallait que quelque chose se passe qui aurait pu coûter la vie à un résident, pour que finalement Lulu touche que ce n'était pas une blague et depuis ce jour, elle réfléchit toujours à deux fois avant de "jouer" avec quelqu'un.

En plus d'aimer beaucoup utiliser leurs pouvoirs pour jouer des tours aux autres, ils aimaient aussi beaucoup la confiserie. L'énorme affection que Lulu avait pour son père, Panthéon, a permis la naissance d'une très belle passion pour la confiserie, car il avait une petite confiserie dans la rue principale du village et en voyant le grand talent de son père, elle s'est intéressée à l'apprentissage de ce métier. Ce sont deux choses qui n'ont rien à voir l'une avec l'autre, mais en accompagnant son père dans la confiserie qui fabrique ces merveilleux et savoureux bonbons, elle a réussi à éveiller l'intérêt pour apprendre les processus d'exécution d'un bonbon, mais sans aucune aide de Pix. Son père encourageait toujours Lulu à pratiquer de nouvelles recettes à faire... seule, mais malheureusement, demander l'aide de Pix quand elle ne savait pas comment faire quelque chose était très inévitable pour la petite.

Par exemple, il était très difficile de modifier les quantités d'ingrédients dans les recettes, car selon le nombre de personnes à servir, il faut ajouter plus ou moins d'ingrédients pour que la recette puisse servir tout le monde. C'est donc Pix qui a ajusté les quantités, et non Lulu.

Il en a été ainsi pendant des mois et des mois, jusqu'à ce que le grand concours "Doçuras de Bandópolis" arrive ce mois-là. Le concours a récompensé le meilleur bonbon de Bandópolis, en donnant du matériel professionnel et la possibilité d'ouvrir une confiserie au centre de la clairière. Comme ce concours n'a lieu que tous les quatre ans, les participants étaient très bien préparés et ont fait l'objet d'une surenchère de contestations. Lulu était enthousiaste à l'idée de participer, mais en même temps qu'il y avait un sentiment d'euphorie, il y avait aussi un sentiment d'insécurité, précisément à cause de la difficulté à calculer les portions et aussi parce que c'était la première fois qu'elle participait à ce concours ... Cependant, comme elle aimerait plus que tout donner de la fierté à son père et se prouver qu'elle pouvait être la meilleure confiserie et surmonter cette insécurité, elle s'est inscrite et a eu confiance en elle pour surmonter sa peur.

La recette a été tirée au sort pour les participants sur place, il fallait donc qu'ils en sachent un peu plus sur tout. Le papier qui accompagnait la recette n'était pas avec les portions ajustées pour servir les trois juges, car ils voulaient également évaluer la capacité des concurrents à calculer parfaitement la quantité d'ingrédients pour que les trois plats soient exactement en quantité égale.

Le jour de la compétition, dans une tente organisée par l'événement, il y avait Lulu qui attendait le départ de la course sur son banc. Elle était un peu nerveuse et avait un peu froid au ventre, mais rien de trop grave qui puisse lui enlever sa concentration et sa confiance.

La recette dessinée pour Lulu était l'Ambrosie, une recette relativement facile qui ne comportait que trois ingrédients de base, mais la difficulté de portionner chaque ingrédient a rendu le défi de la concurrence encore plus insistant. Lulu a reçu la recette et l'a lue :

→ 1000 grammes (1 litre) de lait

→ 300 grammes de sucre

→ 6 œufs

*8 portions

Là aussi, elle avait le mode de préparation et le temps de cuisson, mais c'était déjà une recette connue de la fée sorcière, alors elle se concentra davantage sur les perles.

Aidez Lulu à doser correctement les ingrédients en établissant une règle de trois pour chacun :

Le lait : 1000g - 8 personnes X 3 personnes	Le sucre : 300g - 8 personnes X 3 personnes	3- Oeufs : 8 œufs - 8 personnes X 3 personnes

*Croix multiple
8X = 3 x 1000
8X = 3000
X = 3000/8
X= 375 millilitres de lait

Maintenant que Lulu connaît la quantité correcte de chaque ingrédient pour utiliser sa recette, elle effectue la préparation à la perfection, mettant en pratique tout ce qu'elle a appris de son père. Cinquante minutes dans le four et l'ambroisie est sortie comme elle l'aurait souhaité. Le petit est extrêmement satisfait du résultat, puis il fait des caprices dans la présentation du plat et sert enfin le jury.

Après beaucoup de discussions entre les jurés...

Lulu attendait avec impatience dans sa tente le résultat du concours et, après beaucoup de mystère, il a été annoncé à tous le placement final de chaque concurrent sur le grand écran qui était devant le public et au-dessus des tentes installées pour l'exécution des recettes.

La petite a regardé l'écran et a cherché son nom dans le top 3 et a trouvé les placements suivants :

☆ Première place : Poppy Lofyt

☆ Deuxième place : Lulu Quirky

☆ Troisième place : Veigar Craftlove

Les yeux de Lulu brillaient et étaient remplis de larmes en même temps, elle ne pouvait pas expliquer le bonheur qu'elle ressentait à ce moment. Elle a couru pour embrasser son père et Pix qui était dans l'un des premiers rangs du public. Son père, très fier, a embrassé sa fille et l'a félicitée pour sa réussite.

Le moment de recevoir le trophée a été le plus excitant pour la fée qui a réussi à prouver à elle-même et à tous ceux qui doutaient d'elle, qu'elle était peut-être l'une des confiseries les plus talentueuses de la clairière de Bandópolis. Fin de l'histoire !

Le lendemain, Carolina a remis l'histoire au professeur Alberto et était impatiente de recevoir le résultat la semaine prochaine. Pendant la pause de la classe, elle a rencontré Vitória et ils ont parlé des contes qu'ils avaient écrits et ont découvert qu'ils avaient été inspirés par le même jeu pour écrire. Ils se sont donc souvenus qu'ils aimaient beaucoup jouer ensemble, mais que le manque de temps les avait fait diminuer la fréquence de leurs jeux, mais que ce vendredi-là était extrêmement invitant pour leurs amis à jouer en duo plus tard dans la soirée et c'est ce qui a été fait.

Quelques heures plus tard, ils ont joué à quelques jeux et se sont souvenus du temps où ils avaient beaucoup de temps.

Potentiation avec le professeur Alberto

Alberto n'a pas seulement enseigné pour la septième année, mais pour toutes les classes de l'école. La classe de neuvième était plus calme et plus organisée, il n'y avait pas tant de discussions. Mais pour qu'il y ait une bonne classe, il fallait que tout le monde s'intéresse au contenu, car certains élèves ne réussissaient pas bien dans cette matière. Alberto a donc eu la brillante idée de dynamiser la classe avec cette classe également, comme il l'a fait en septième année.

Le vendredi est arrivé et Alberto était fatigué, mais il savait que sa classe passerait rapidement et que les étudiants en profiteraient.

- Bonjour, la classe ! Comment allez-vous ? - a déclaré Alberto.
- Bonjour, professeur ! Nous allons bien ! - ont déclaré les étudiants.
- Bon, nous n'avons presque plus de temps, j'ai préparé un autre cours aujourd'hui.
- Yahoo ! - s'est exclamé la classe.
- Ainsi, comme vous le savez tous, notre test de potentialisation aura lieu vendredi de la semaine prochaine. Nous l'avons déjà examiné, mais j'aimerais le renforcer avec une classe spéciale pour ceux qui ont encore des doutes.
- Whoa ! Voilà, ouais, hein, professeur ! J'allais justement demander à Clara, qui est très bonne en maths. - a déclaré Joaquim.

Clara a tourné son regard vers Joachim.

- Ce n'est même pas si difficile ! - dit-elle.
- Nous avons peu de temps ! Faites attention, nous allons faire un gymkhana, répartis en groupes. Je vais citer quelques problèmes et l'équipe, qui répond en premier, gagne. Le temps maximum de réponse est de 5 minutes. Bonne chance à tous ! - Alberto a un peu élevé la voix pour que les conversations s'arrêtent.
- Professeur, combien de membres par groupe ? - a demandé Lucas.

- Cinq, Lucas. Et nommez l'équipe ! J'ai oublié de vous le dire. - a déclaré Alberto.

La classe comptait 35 élèves et était organisée en sept groupes. Le professeur était effrayé par la rapidité de ses élèves à former des groupes.

- Le nom de mon équipe est Fight Club ! - s'est exclamé Lucas.

- Le nôtre est un super triomphe ! - a déclaré Ana et Clara ensemble.

Tout le monde parlait en même temps et ne pouvait rien comprendre. Pour accélérer les choses, Alberto a décidé de leur donner une liste pour écrire leurs noms, car la classe passait vite.

- Les gars ! Je vais vous donner une liste pour noter les noms des équipes ! Je ne peux pas écrire ça !

La feuille de papier s'est envolée devant les élèves et, en moins de 5 minutes, elle était déjà entre les mains du professeur. Il a lu tous ces noms de créateurs et a écrit sur le tableau, comme ça :

Complétez le score !

Équipes	Points
L'heure de la conquête	
Tous pour un	
Grecs et Troyens	
Fight Club	
Les tueurs de médailles	
Super Triomphe	

- Bravo ! C'est le moment de commencer ! Voici le premier problème : quelle est la valeur de la puissance 3^2 ? Levez la main pour répondre. - a déclaré Alberto, très enthousiaste.

A la même heure, Joaquin a levé la main.

- Notre équipe, Tous pour un, professeur !

- Comme c'est rapide, les enfants ! Quelle est la réponse ? - a demandé le professeur.

- La réponse est 6 ! - dit Joaquin, en souriant.

La salle était silencieuse.

- Réponse incorrecte. Et l'explication, les enfants ? Ne soyez pas pressé de répondre ! - a déclaré Alberto.

- Les Tueurs de Médailles ont la réponse ! - s'est exclamée Clara.

- D'accord, continuez.

- La puissance est le résultat d'un nombre multiplié par lui-même une ou plusieurs fois, c'est-à-dire que si nous avons 3^2, nous multiplions le nombre de fois que l'exposant demande. Dans ce cas, l'exposant est 2. Donc : 3x3=9, soit le double du chiffre 3. - a expliqué Ana.

- Je ne comprends pas, j'ai multiplié... qu'est-ce qu'un exposant ? - dit Joaquin, confus.

- L'exposant est ce petit nombre sur le dessus de 3 !

Clara a pris une craie et a écrit au tableau le nombre et l'exposant d'une autre couleur, en restant comme ça :

$$3^2$$

- C'est lui qui dit combien de fois il faut multiplier le nombre ! Comme c'est le cas deux fois, c'est 3x3=9 ! Vous ne devez pas multiplier 3 par 2, car cela devient une multiplication commune, et la puissance est la multiplication d'un nombre par lui-même, une ou plusieurs fois. - a expliqué Clara. La jeune fille a alors élaboré un plan pour que Joaquim comprenne mieux :

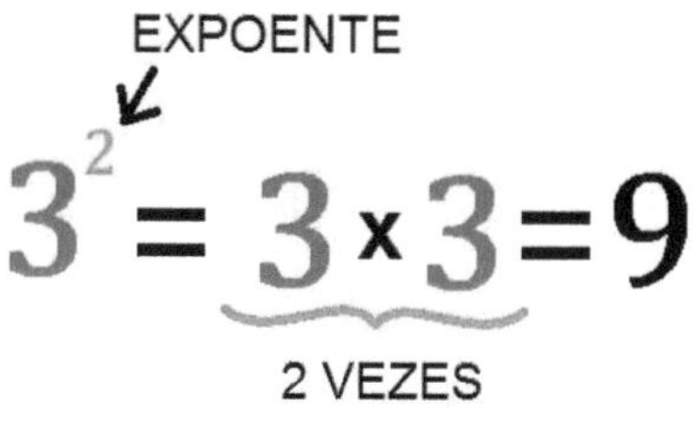

EXPOENTE

$$3^2 = \underbrace{3 \times 3}_{\text{2 VEZES}} = 9$$

- J'ai compris ! Merci beaucoup, Clara. Je savais qu'à un moment ou à un autre, je vous demanderais votre aide. - dit Joaquin en riant.

Clara a fait un clin d'œil à Joaquin.

- Vous êtes les bienvenus ! Nous sommes ici pour cela : pour apprendre !

- C'est vrai, Clara, félicitations pour l'explication. - a déclaré le professeur.

Alberto a été étonné par cette classe et très heureux d'avoir planifié ce gymkhana. Et il a donné un point à l'équipe de Clara sur le tableau.

Actualisez le score !

Équipes	Points
L'heure de la conquête	
Tous pour un	
Grecs et Troyens	
Fight Club	
Les tueurs de médailles	
Super Triomphe	

- Continuons le gymkhana. Je vais écrire quelques pouvoirs pour que les équipes s'entraînent. Nous avons maintenant trois minutes !

L'enseignant a pris la craie et a écrit les valeurs suivantes au tableau :

a) 5^3 =

b) 6^2 =

c) 8^3 =

Et si vous participiez au concours et résolviez les propositions ?

- Nous en avons terminé ! L'équipe du Fight Club ! - a déclaré Lucas.

- D'accord, dites-moi les résultats", dit Alberto en regardant sa montre.

- La réponse à la lettre *a est* : ; *b :* . et *c* :..... Comme Clara l'avait expliqué, la lettre *a* est 5^3, donc nous avons multiplié le nombre 5 par 3 fois comme le demande l'exposant, le résultat était donc 125... et nous avons donc fait avec tous les nombres ! - a expliqué Lucas.

- Impressionnant ! Un point pour votre équipe !

Alberto a mis un point sur l'équipe du Fight Club au tableau. Les étudiants se débrouillaient très bien dans la dynamique.

Actualisez le score !

Équipes	Points
L'heure de la conquête	
Tous pour un	
Grecs et Troyens	
Fight Club	
Les tueurs de médailles	
Super Triomphe	

- Comme le temps presse, je vais vous transmettre un problème pratique, qui peut faire partie de la vie de tous les jours, car les mathématiques sont dans tout !

Joana était étudiante en géographie. Une fois, elle est allée faire des recherches dans un archipel formé de 3 petites îles. Sur chaque île, il y avait 3 palmiers, et sur chaque palmier il y avait 3 noix de coco et, en enquêtant davantage, elle a vu qu'il y avait aussi 3 lézards au sommet de chaque noix de coco ! Intriguée, Joana a décidé de faire un compte de potentialisation pour savoir combien d'éléments il y avait dans cet archipel afin d'enrichir ses recherches. Quel résultat a-t-elle obtenu ? Je veux que vous résolviez ce petit problème. Il vaut 5 points ! Bonne chance - a dit le professeur.

La classe a commencé à s'en occuper. Il a vu à quel point tout le monde était intéressé et très enthousiaste.

- Nous avons terminé, professeur ! Nous avons fait un plan, pouvons-nous utiliser le tableau ? - a demandé João.

- Bien sûr, les enfants. Allez-y. - a déclaré Alberto.

- Donc, on règle ça de cette façon :

3 îles	3^1= 3		

- Nous avons préparé ce tableau. Il est représenté de cette façon, 3^1, car il n'y a que 3 îles. Suivant :

3 îles	3^1= 3
3 îles + 3 palmiers	3^2= 9

- Comme nous avons trois autres palmiers, qui proviennent du même nombre d'îles, nous augmentons un exposant, car il a la même valeur. Et ainsi de suite :

3 îles	3^1= 3
3 îles + 3 palmiers	3^2= 3x3= 9
3 îles + 3 palmiers + 3 noix de coco	3^3= 3x3x3=27
3 îles + 3 palmiers + 3 noix de coco + 3 lézards	3^4= 3x3x3=81

- Le total des palmiers, cocotiers et lézards est donc de 81 ! - a expliqué Lucas

- Meilleurs voeux ! Explication très bien planifiée ! 5 points ! - Alberto était très heureux.

Aidez le professeur Alberto à mettre à jour le score :

Équipes	Points
L'heure de la conquête	
Tous pour un	
Grecs et Troyens	
Fight Club	
Les tueurs de médailles	
Super Triomphe	

- Il ne reste que cinq minutes avant le bip ! - a déclaré le professeur.

La classe a passé en coup de vent et Alberto était satisfait du gymkhana. L'examen aura lieu la semaine prochaine et les étudiants obtiendront certainement un 10 ! Il pensait faire de la dynamique avec tous les cours, car il est plus facile d'apprendre avec des blagues. La classe était terminée, Alberto aimait voir les sourires de ses élèves et il cherchait donc de nouvelles façons d'enseigner pour que les cours de mathématiques deviennent amusants et joyeux !

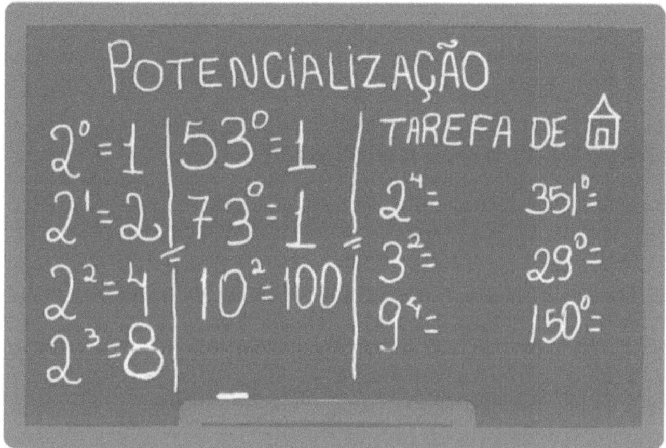

Résolution des exercices

La fille superpuissante

1.

R= 12x80 = 960

2.

R= 960/100 = 9,6 équivaut à 1% alors 9,6 x 5 = 48,00 R$ est la valeur qui aurait été économisée.

3.

R = 30X7X15 = **3150 cm³**.

4.

R= 5---- 20 5x = 80 80/5 = **16 tranches**

4 -----x

5.

R= 4000 de la chirurgie/8 colis = 500 valeur d'un colis 500 de la valeur du colis 423 déjà collecté =77 qui a dû payer le colis 77/2,50 valeur de chaque tranche = 31 tranches doivent encore être vendues.

La remise des diplômes

1.

R= 307 personnes -13 enseignants = 275-25 élèves = 250 invités ; total 250 invitations/25 élèves = **10** invités par élève.

2.

R= 150+200+300=650 est ce qui doit être payé. 650-520= **R$ 130,00** est ce qui manque pour payer tous les frais.

3.

R= 130X4= 520 la valeur manquante, y compris la décoration. 520-130= 390 le budget de la décoration.

4.

R= 25x20x1= **R$1000.00** est le montant total collecté par le tirage au sort.

5.

R= **R$1000.00** est le montant total collecté par la tombola - R$390.00 de décoration = R$610.00 valeur à déposer.

6.

R= 610-300 = R$310.00 restant pour acheter les fleurs.

Conte en classe de mathématiques

1.

signe égal → =

2.

R= 5, -6, -8, 10

3.

R= 3x+2=x+1

3x-x=1-2

2x=-1

x=-½

4.

Les occurrences sont représentées par la lettre x. Les erreurs de 20x

Donc,

3.x-2.(20-x)=35

3x-40+2x=35

5x=35+40

5x=75

x=75/5

x=15

20-15=5

15 résultats et 5 erreurs.

Potentiation avec le professeur Alberto

1.

a) 5^3= 5.5.5 = 125

b) 6^2 = 6.6 = 36

c) 8^3 = 8.8.8 = 512

Lulu

2. 300g 8 personnes

X 3 personnes

300 x 3 = 8x

900 = 8x

900/8 = x

x = 112 grammes

3. 8 œufs 8 personnes

X 3 personnes

8x = 24

x = 24/8

x = 3 œufs

Ashe

1. 50-30 = 20 flèches

2. 16-12 = 4 fruits

3. 3x3 = 9 flèches

4. 2 flèches - 5 secondes

10 flèches - x secondes

Réponse : 25 secondes

À propos de ce travail

Ce livre de contes mathématiques est le résultat d'un projet d'extension interdisciplinaire réalisé au campus de l'IFSC - Caçador au second semestre 2019 et auquel ont participé les boursières de troisième année Fabiana Zir Padilha, Gabriela Tartarotti Godoy et Mariana Pelicer Tosatti, ainsi que les conseils du professeur portugais Ricardo de Campos (créateur du projet) et du professeur de mathématiques Vitor Sales.

Le projet visait à développer les compétences de lecture et d'interprétation et les connaissances mathématiques des élèves de l'école primaire par la création de nouvelles impliquant des problèmes mathématiques. Actuellement, la plupart des élèves éprouvent des difficultés à résoudre des problèmes en mathématiques et à interpréter des textes en portugais. C'est de ce problème qu'est née l'idée de réaliser ce projet avec l'aide des enseignants de mathématiques et de portugais de l'IFSC - Campus Caçador.

L'objectif était que les boursiers produisent un petit recueil de nouvelles mathématiques pour les élèves des écoles municipales de Caçador, Hilda Granemann de Sousa (CAIC) et Pierina Santin Perret. Les thèmes de ces nouvelles doivent appartenir à l'univers de ces élèves et aborder de manière intéressante un sujet mathématique qui leur convient.

Les étudiants boursiers ont également organisé le comptage de ces travaux en classe, avec le soutien des enseignants des écoles concernées. Les élèves ont ensuite lu, interprété et résolu les problèmes mathématiques présents dans les histoires. Les chercheurs ont ensuite vérifié, au moyen de brefs questionnaires, comment cette nouvelle méthodologie pouvait bénéficier à l'apprentissage de certains contenus mathématiques.

À la fin du projet, il a été possible de vérifier, au moyen de questionnaires auto-administrés, que les élèves prenaient plaisir aux lectures et aux pratiques mathématiques proposées, car les contes abordaient des sujets appartenant à l'univers des enfants et montraient que l'étude des mathématiques fait partie de notre vie quotidienne et que les connaissances mathématiques peuvent résoudre d'innombrables questions quotidiennes, cessant d'être une "bestiole à sept têtes".

Références bibliographiques

BIANCHINI, Edwaldo. Les mathématiques. 7. éd. São Paulo : Moderna, 2011.

CAMPOS, Ricardo de. Il était une fois - un guide pratique pour la production de longs métrages / Ricardo de Campos - Hunter : Auteur éditeur, 2018.

FURNARI, Eva. Les problèmes de la famille Gorgonzola / Eva Furnari ; illustrations de l'auteur. - 2 éd. - São Paulo : Moderne, 2015.

TAHAN, M. L'homme qui a calculé. - 79e éd. - Rio de Janeiro, Record, 2010.

www.ingramcontent.com/pod-product-compliance
Ingram Content Group UK Ltd.
Pitfield, Milton Keynes, MK11 3LW, UK
UKHW041849190726
13854UKWH00002B/790

9 786203 322569